Kavita Gajare

Mutações

Kavita Gajare

Mutações

Imprint
Any brand names and product names mentioned in this book are subject to trademark, brand or patent protection and are trademarks or registered trademarks of their respective holders. The use of brand names, product names, common names, trade names, product descriptions etc. even without a particular marking in this work is in no way to be construed to mean that such names may be regarded as unrestricted in respect of trademark and brand protection legislation and could thus be used by anyone.

Cover image: www.ingimage.com

This book is a translation from the original published under ISBN 978-620-7-80770-3.

Publisher:
Sciencia Scripts
is a trademark of
Dodo Books Indian Ocean Ltd. and OmniScriptum S.R.L publishing group

120 High Road, East Finchley, London, N2 9ED, United Kingdom
Str. Armeneasca 28/1, office 1, Chisinau MD-2012, Republic of Moldova, Europe
Printed at: see last page
ISBN: 978-620-7-77797-6

ÍNDICE

CAPÍTULO 1

INTRODUÇÃO À MUTAÇÃO

O ADN é o material genético. Tem a forma de uma hélice dupla de uma cadeia de polinucleótidos. Um nucleótido tem um, dois ou três grupos fosfato ligados a um açúcar pentose, o açúcar desoxirribose. O açúcar desoxirribose está ligado a uma base azotada. As bases azotadas são as purinas, ou seja, a adenina, a guanina e as pirimidinas, como a timina e a citosina. Nas cadeias complementares do ADN, a adenina emparelha-se com a timina e a guanina com a citosina. Um nucleótido está ligado ao nucleótido seguinte por uma ligação fosfodiéster numa cadeia polinucleotídica. A informação genética é armazenada no ADN sob a forma de sequências específicas de nucleótidos. Todas as características de um organismo são controladas por sequências de nucleótidos no ADN. São os chamados genes. O funcionamento, a regulação e os papéis dos genes são delicadamente equilibrados em cada célula de um organismo. Uma pequena alteração nesta informação armazenada pode levar a uma mudança no fenótipo e será propagada por replicação nos descendentes.

Uma mutação é uma alteração na sequência de ácidos nucleicos do genoma ou do ADN extracromossómico de um organismo. A mutação pode ser definida como uma mudança súbita no material genético que pode ser propagada nos descendentes dessa célula. A mutação foi descoberta pela primeira vez por Wright em 1791, quando encontrou um cordeiro com pernas curtas. Mais tarde, em 1901, Hugo de Vries cunhou o termo "mutação" para designar as variações de aparecimento súbito que encontrou em roseiras (Oenothera lamarckiana). [th]No início do século XX (1901-03), propôs a teoria da mutação para o aparecimento de novas espécies.A mutação é um fenómeno raro na natureza. Qualquer dano químico ou mecânico ao ADN pode resultar em mutação. Cada célula está bem equipada com um sistema de reparação do ADN. Este sistema repara a maior parte dos danos no ADN causados por erros no processo de replicação ou por qualquer outro mecanismo. Os danos não reparados causam uma alteração permanente no ADN e são transmitidos às células filhas. As mutações são a fonte de formação de novos alelos. As mutações são a base molecular da variação numa população. As mutações são a força motriz da evolução. Quando surge um novo alelo numa população, este é testado através do processo de seleção natural. As mutações neutras ou benéficas são seleccionadas e as mutações prejudiciais são eliminadas. As mutações servem de material para o estudo dos genes e das suas funções. Um alelo mutante afecta as características que são controladas pelo alelo selvagem. Assim, as mutações ajudam a compreender o papel do gene. A mutação pode envolver uma pequena mudança num único nucleótido ou uma grande alteração num conjunto de cromossomas. Uma mutação que ocorre na região codificadora de proteínas causa alteração no quadro de leitura aberta do mRNA e subsequente produção de uma proteína anormal. As consequências de uma mutação podem variar desde uma alteração despercebida (mutação sem sentido), anomalias ligeiras controláveis, anomalias graves que comprometem a vida e morte (mutação letal). As mutações podem ser classificadas de várias formas.

Mutações espontâneas e induzidas:

As mutações podem ser espontâneas ou induzidas. A mutação espontânea ocorre naturalmente. São raras, aleatórias e não implicam a intervenção de nenhum agente específico. Desenvolvem-se geralmente devido a um erro durante a replicação do ADN que não é reparado. Pode resultar de radiações naturais como os raios UV, os raios cósmicos e as radiações de alguns minerais.

Em contrapartida, a mutação induzida é o resultado de alguns factores artificiais. Em 1927, H. J. Muller relatou a indução de mutação por raios X em Drosophila. Várias outras radiações e um grande número de produtos químicos foram utilizados como mutagénicos. Algumas manipulações experimentais, como a supressão de genes, podem ser utilizadas para induzir mutações.

Mutações somáticas e gaméticas:

A mutação pode ocorrer no genoma de uma célula somática para a linha germinativa. A mutação nas células somáticas afecta o indivíduo e não se transmite à geração seguinte. Mas, qualquer mutação na linha germinativa pode afetar os descendentes, uma vez que se transmite à geração seguinte.

Mutações dominantes e recessivas:

A mutação que resultou num traço dominante é uma mutação dominante e uma mutação que resultou num traço recessivo é recessiva. A mutação dominante pode ser expressa em condições homozigóticas ou heterozigóticas. Assim, a mutação dominante afecta todos os indivíduos de que é portadora. As mutações recessivas são expressas apenas em condições homozigóticas. Elas podem ser mascaradas em condições heterozigóticas, ou seja, se um alelo dominante estiver disponível.

Mutações autossómicas e ligadas ao sexo:

A mutação de um gene num cromossoma sexual está ligada ao sexo. Se se tratar de uma mutação recessiva ligada ao X, afecta os homens e, na maior parte dos casos, permanece oculta nas mulheres devido a um alelo dominante no outro cromossoma X. Se for uma mutação dominante ligada ao X, afecta tanto os homens como as mulheres de forma igual. Uma mutação ligada ao Y pode afetar apenas os homens.

Mutações letais:

Uma mutação que afecta algum processo vital que leva à morte do indivíduo portador da mutação é designada por mutação letal. Uma mutação letal dominante é difícil de ser estudada, pois todos os indivíduos com o gene mutante em estado homozigótico ou heterozigótico morrem. As mutações letais recessivas podem ser estudadas, uma vez que os heterozigóticos ou portadores podem sobreviver.

Mutações condicionais:

Uma mutação está presente no genoma de um indivíduo, mas só se expressa em condições específicas. As condições que permitem a sua expressão são as "condições permissivas" e as condições que inibem a sua expressão são as "condições restritivas". O melhor exemplo são as mutações sensíveis à temperatura. A uma temperatura permissiva, o gene mutante expressa-se e a uma temperatura restritiva, o gene permanece suprimido. Estes mutantes sensíveis à temperatura encontram-se em muitos organismos.

Tipos de mutações com base nas características que são afectadas:

Mutações morfológicas: Mutações que afectam os caracteres morfológicos. São facilmente observáveis. Por exemplo, a cor branca dos olhos ou a cor cinzenta do corpo da Drosophila, todos os caracteres da ervilha de jardim são estudados por Mendel.

Mutações nutricionais: As mutações que afectam um processo metabólico para a síntese de algum aminoácido ou vitamina, etc., são nutricionais. Os indivíduos afectados dependem da dieta para o aminoácido ou vitamina em particular.

Mutações Fisiológicas: As mutações que afectam alguns dos processos do corpo. Os exemplos são a hemofilia, a anemia falciforme, a fenilcetonúria, etc.

Mutações de comportamento: As mutações que afectam o padrão de comportamento do organismo são as mutações comportamentais. As mutações podem afetar o comportamento de acasalamento, o ritmo circadiano, a fotofobia, etc.

Mutações cromossómicas:

As mutações que afectam uma parte maior de um cromossoma, um cromossoma inteiro ou um conjunto de cromossomas são mutações cromossómicas. Estas podem ser classificadas como alterações estruturais nos cromossomas ou aberrações cromossómicas e alterações numéricas.

Alterações estruturais nos cromossomas: As alterações estruturais ou aberrações cromossómicas são devidas à deleção, duplicação, inversão e translocação de segmentos cromossómicos.

Alterações numéricas: Mutações que resultam em qualquer alteração do número normal de cromossomas diplóides. Podem ser aneuploidia ou poliploidia. A aneuploidia é uma alteração do número de cromossomas por um número inferior ao número de cromossomas haplóides. A poliploidia é a presença de mais de dois conjuntos de cromossomas.

Mutação genética:

As mutações causadas pela alteração da sequência de nucleótidos são mutações genéticas. Estas podem ser mutações pontuais, mutações de frameshift ou mutações silenciosas.

Mutações pontuais: A mutação causada pela substituição de uma base no ADN. Isto pode alterar a sequência de nucleótidos no ARNm e causar a inserção de um aminoácido errado durante a tradução.

Mutações de frameshift: A mutação causada pela inserção ou deleção de um ou mais nucleotídeos é uma mutação frameshift. Isto leva a uma alteração na estrutura de leitura aberta do ARNm. A estrutura de três nucleótidos cada pode sofrer um desvio de um ou dois nucleótidos, resultando na síntese de uma proteína sem função.

CAPÍTULO 2

ALTERAÇÃO DA ESTRUTURA DOS CROMOSSOMAS

As alterações estruturais podem estar na origem de alterações do número de genes ou de rearranjos dos segmentos dos cromossomas, também designados por aberrações cromossómicas. Estes são quatro tipos

i. Supressão ou deficiência

ii. Duplicação

iii. Inversão

iv. Translocação

As alterações no número de genes são consequências da deleção ou duplicação de uma parte de um cromossoma. Os rearranjos de segmentos cromossómicos são o resultado de inversões e translocações.

i. SUPRESSÃO OU DEFICIÊNCIA

A deleção é uma aberração cromossómica em que se perde um pedaço de um cromossoma. Quando um cromossoma se divide em dois ou mais pedaços, a parte do cromossoma que não tem centrómero não se consegue ligar às fibras cromossómicas do aparelho medular durante a metáfase. Esse pedaço não consegue se mover para o núcleo em reorganização na anáfase. Mais tarde, este pedaço de cromossoma é digerido por nucleases no citoplasma. Assim, o pedaço de um cromossoma é perdido, resultando em deleção ou deficiência. A deleção é irreversível e não pode ser revertida para o estado original por nenhum sistema de reparação. Os genes deletados são chamados de estado hemizigótico, pois apenas um alelo está presente nas células diplóides

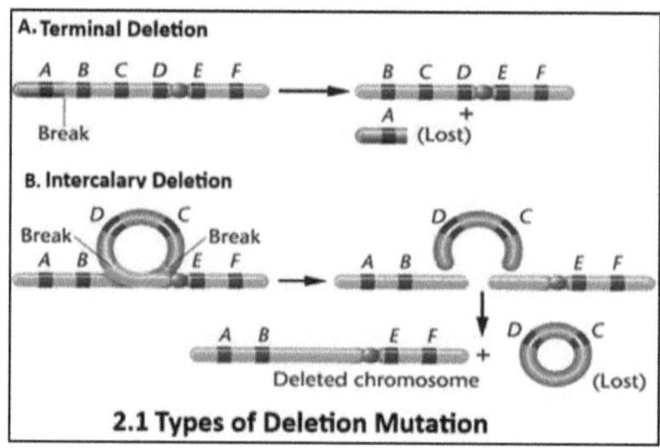

Tipos de deleção: A deleção pode ser terminal ou intercalar. Na deleção terminal, a parte terminal de um cromossoma é perdida (Fig. 2.1A). Isto resulta de uma única quebra no cromossoma. A parte do cromossoma com o centrómero permanece na célula e a parte sem o centrómero é perdida. Na deleção intercalar, uma porção intermédia do cromossoma é perdida (Fig. 2.1 B). Se um cromossoma tiver duas quebras, forma três pedaços. Entre estes três pedaços, se o pedaço do meio se perder e os dois restantes se voltarem a juntar, o resultado é uma deleção intercalar.

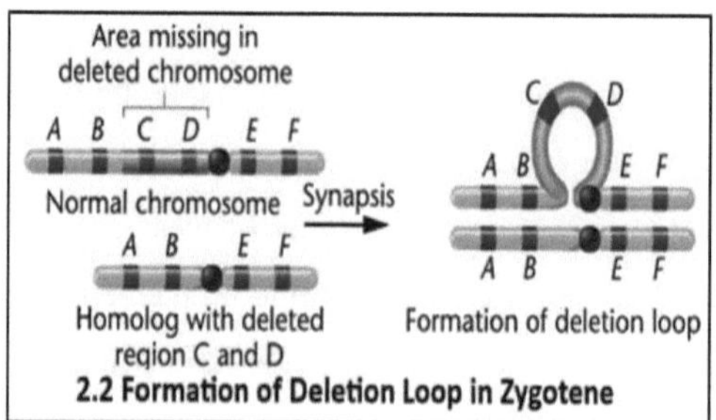

Formação da alça de deleção: Na meiose, na prófase I, os cromossomas homólogos emparelham-se no zigoto. Uma célula que tenha um cromossoma com deficiência intercalar, um cromossoma com deficiência emparelha-se com um cromossoma normal e completo. Um cromossoma deficiente carece de uma região que está apagada. No entanto, o homólogo normal dessa região está disponível no cromossoma normal. Essa região não pode participar no emparelhamento homólogo. Assim, forma uma ansa nos cromossomas normais e pode ser vista microscopicamente como uma ansa de deleção ou de compensação (Fig. 2.2).

Exemplos de mutação de deleção

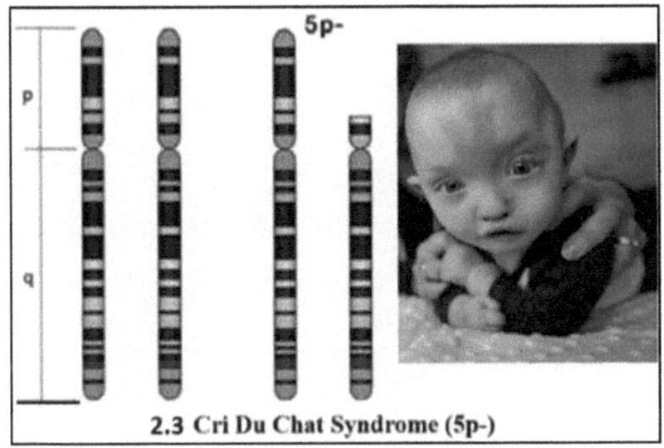

1. Cri-du-chat: O Cri-du-chat em humanos é uma síndrome resultante da deleção de uma pequena porção do braço p do cromossoma 5. É designada por '5p⁻ ' (Fig. 2.3). Têm um choro caraterístico de gato, atraso mental, malformação da laringe, cara de lua, nariz em sela, micrognatia (mandíbula pequena), orelhas malformadas de inserção baixa e microcefalia (cabeça pequena).

2. Mutação Notch em Drosophila: Um exemplo clássico de deleção é o fenótipo "notch wings" em Drosophila. Nestas moscas, as asas são entalhadas nas margens posterior e lateral (Fig. 2.4 B). Este fenótipo é controlado por um mutante dominante ligado ao X causado por uma deleção. Esta mutação é também uma mutação letal recessiva. As fêmeas homozigóticas para a mutação notch e os machos com notch não sobrevivem. Foi notado que as fêmeas com notch também sofrem mutação para os genes de olho branco, olho facetado ou cerdas divididas, pois esses genes também são deletados junto com o gene notch. A deleção em Drosophila pode ser detectada como um loop de deleção no seu cromossoma politénico. Um cromossoma politénico é um cromossoma gigante que se encontra nas células das larvas de início final das moscas dípteras. Os cromossomas sofrem um emparelhamento homólogo somático antes do desenvolvimento do politeno. Assim, se houver uma deleção num cromossoma, esta aparece como uma ansa de deleção no seu homólogo.

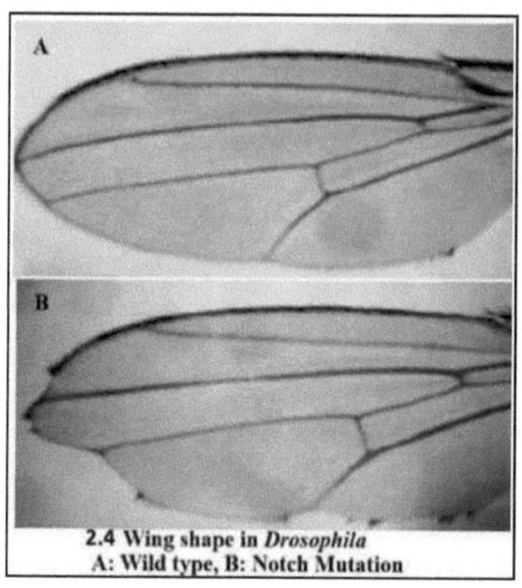

2.4 Wing shape in *Drosophila*
A: Wild type, B: Notch Mutation

Pseudodominância

Um alelo que pode ser expresso na condição heterozigótica é chamado de alelo dominante. Uma única cópia do alelo dominante é suficiente para desenvolver o fenótipo. O alelo recessivo é expresso apenas em condições homozigóticas e não pode ser expresso numa condição heterozigótica. Mas num estado hemizigótico, um alelo recessivo no cromossoma normal expressa o seu fenótipo. Isto acontece porque o alelo dominante no outro cromossoma é eliminado ou perdido. Assim, o alelo recessivo comporta-se como um alelo dominante e é expresso num estado hemizigótico. Uma única cópia do alelo recessivo expressa o seu fenótipo. Este tipo de herança é chamado de pseudodominância.

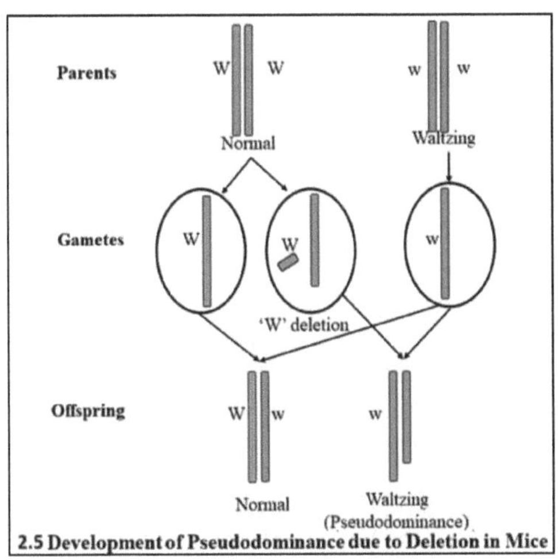

Por exemplo, uma mutação autossómica recessiva chamada valsar em ratos. Trata-se de um tipo especial de comportamento em que os ratinhos mutantes não conseguem andar em linha reta, mas sim em círculos. Isto deve-se a um defeito na formação dos canais semi-circulares do ouvido interno causado pela deleção do gene. Um homozigoto para W com comportamento normal, se cruzado com um indivíduo com comportamento de valsa (ww) (Fig. 2.5). A descendência esperada é toda normal com o genótipo Ww. Mas entre a descendência, alguns dos descendentes têm comportamento de valsas. Isto deve-se à deleção de 'W' num dos cromossomas dos ratinhos fêmeas. Isso resulta na condição hemizigótica. Portanto, 'w' se expressa na ausência do alelo 'W' e mostra pseudodominância.

ii. DUPLICAÇÃO

A presença de um segmento repetido de um cromossoma é designada por duplicação. A duplicação pode ocorrer num único locus ou numa grande parte de um cromossoma. Devido à duplicação, alguns genes estão presentes em mais de duas cópias numa célula diploide. Susumo Ohno, em 1970, propôs que a duplicação de genes desempenha um papel importante na evolução. Segundo ele, os genes duplicados fornecem a matéria-prima para o surgimento de novos

11

genes. Várias famílias de genes
devem evoluir a partir de genes duplicados.

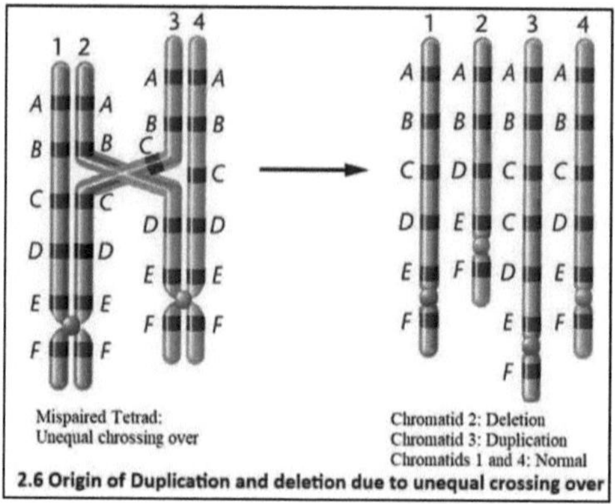

2.6 Origin of Duplication and deletion due to unequal crossing over

A duplicação resulta de um crossing over desigual durante a meiose (Fig. 2.6). A região deficiente sofre um crossing over, dando origem a uma cromátide com deficiência e a outra cromátide não irmã com uma região duplicada. As cromátides não envolvidas no crossing over permanecem normais.

Anel de duplicação: Se a duplicação se situa num só cromossoma, durante o emparelhamento homólogo a parte duplicada forma uma ansa de duplicação. Pode ser detectada em cromossomas politénicos de larvas de dípteros. Forma-se uma ansa de duplicação no cromossoma aberrante.

A duplicação pode causar uma única repetição ou múltiplas repetições. A duplicação de uma parte de um cromossoma pode ocorrer em diferentes posições.

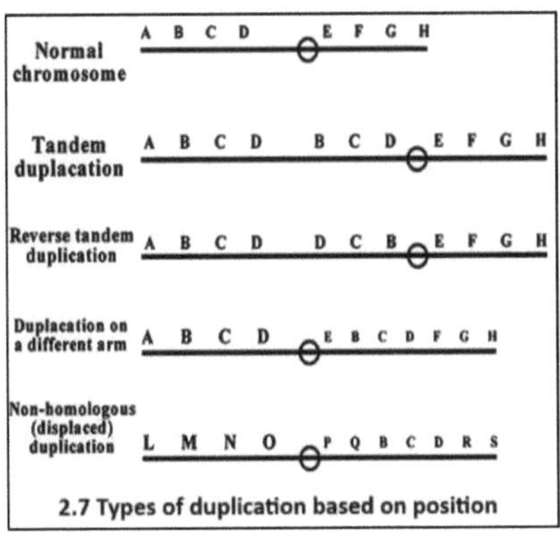

2.7 Types of duplication based on position

a. Duplicação em tandem: Quando a porção duplicada está presente imediatamente antes da porção original.

b. Duplicação em tandem invertida: Quando a parte duplicada de um cromossoma se liga à parte original, mas em sentido inverso.

c. Duplicação num braço diferente: Se a parte duplicada de um cromossoma estiver ligada ao mesmo cromossoma, mas num braço diferente, trata-se de uma duplicação num braço diferente.

d. Duplicação deslocada: É também chamada de duplicação não homóloga. Neste tipo, a parte duplicada de um cromossoma é adicionada a outro cromossoma não homólogo.

Exemplo de mutação por duplicação

1. Olho de barra em Drosophila:

A mutação do olho em barra em Drosophila é um exemplo clássico de duplicação. A forma oval do olho é o carácter selvagem da Drosophila. A mutação do olho em forma de barra resulta num olho estreito, semelhante a uma fenda, com poucas facetas. Este fenótipo é herdado como uma mutação dominante ligada ao X. Bridges, em 1936, mostrou que o olho em barra é causado pela duplicação da região 16A do cromossoma X. Ele estudou o cromossoma politénico da Drosophila e o modo de hereditariedade do olho em barra é semi-dominante. As fêmeas homozigóticas ou heterozigóticas para a mutação desenvolvem o fenótipo olho de barra. A mosca macho com o cromossoma X mutado apresenta a mutação olho de barra. A gravidade do fenótipo é maior nas fêmeas homozigóticas do que nas fêmeas ou machos heterozigóticos. Num estado de duplicação dupla, a gravidade aumenta ainda mais, sendo referida como fenótipo de olho "barra dupla" ou "ultra-barra". A gravidade aumenta ainda mais com o efeito cis do que com o efeito trans. (Fig. 2.8)

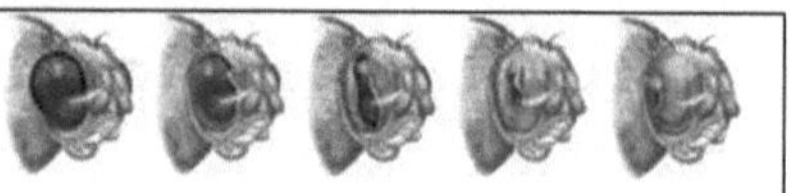

Phenotype	Wild	Heterozygous Bar	Homozygous Bar	Heterozygous Ultra-Bar	Homozygous Ultra-Bar
Genotype	B^+/B^+	B/B^+	B/B	B^D/B	B^D/B^D
No. of Facets	779	358	68	45	25

B^+: Wild　　　B: Duplicated　　　B^D: Double duplicated

2.8 Bar eye phenotype and its genotypes in *Drosophila*

2. Redundância de genes

Pode ser definida como a presença de múltiplas cópias dos genes num genoma de organismos que desempenham a mesma função. Por exemplo, a presença de múltiplas cópias do rDNA, os genes que codificam o rRNA. O genoma da E. coli tem 5 a 10 cópias, o genoma da Drosophila tem 130 cópias, enquanto o genoma humano tem

>350 cópias de genes rDNA. Estas cópias de genes são formadas por duplicação de genes durante a evolução.

3. Amplificação de genes

Durante a oogénese, muitas proteínas e ARN são sintetizados e armazenados no citoplasma do oócito para posterior utilização durante a embriogénese. Por isso, é necessário que a replicação seja rápida e abundante. Para isso, em muitos oócitos, desenvolvem-se cromossomas especiais do tipo "lamp-brush". Estes cromossomas têm repetições em tandem dos genes a serem transcritos. Estas cópias múltiplas são geradas durante um curto período de tempo através da duplicação de genes. A isto chama-se amplificação génica.

iii. INVERSÃO

A inversão é um tipo de aberração cromossómica em que um pedaço de um cromossoma ou um grupo de genes sofre uma rotação de 180^0. Não há perda ou ganho de genes, apenas o rearranjo de genes dentro do cromossoma. A inversão resulta de quebras cromossómicas em dois pontos diferentes, seguidas de uma nova união das extremidades de forma inversa.

Mecanismo de inversão: A inversão ocorre quando se forma um laço num cromossoma, seguido de quebras subsequentes que produzem extremidades pegajosas. Estas extremidades pegajosas são unidas aos segmentos opostos. O resultado é um segmento invertido.

Tipos de inversão com base no envolvimento do centrómero:

O comprimento do segmento cromossómico invertido pode ser curto ou longo. Pode incluir o centrómero ou não. Com base na sua inversão, é pericêntrico ou paracêntrico.

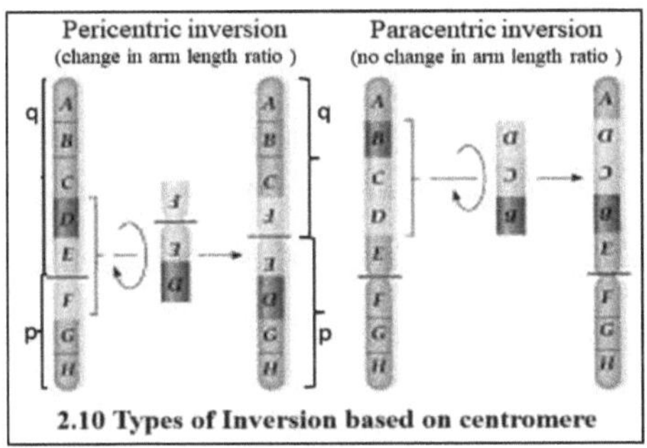

a. **Inversão pericêntrica:** Se os segmentos invertidos suportam o centrómero, a inversão é denominada inversão pericêntrica. Pode haver uma alteração no comprimento dos braços. Por isso, a posição do centrómero e a relação do comprimento dos braços podem mudar. Isto pode ser detectado durante a metáfase da mitose ou da meiose.

b. **Inversão paracêntrica:** Se o centrómero não for incluído, trata-se de uma inversão paracêntrica. Numa inversão pericêntrica, ambos os braços dos cromossomas estão incluídos. Numa inversão paracêntrica, o segmento que é invertido faz parte de apenas um braço. Assim, o comprimento dos braços não se altera e não pode ser detectado durante a metáfase da mitose ou da meiose.

Consequências da inversão:

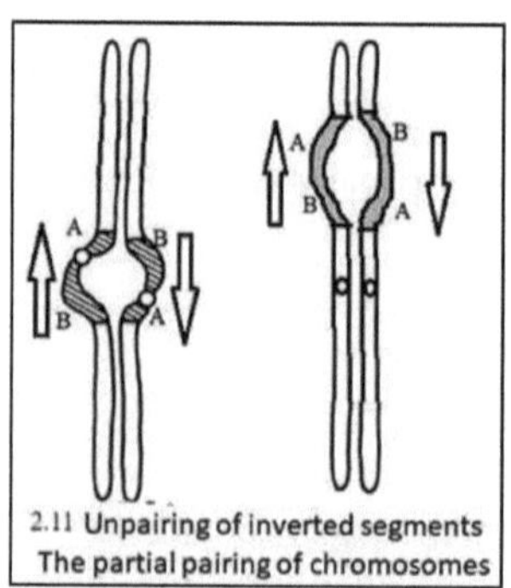

A inversão cria heterozigotos de inversão, uma vez que um cromossoma tem uma sequência de genes invertida e o outro tem uma sequência normal. Uma vez que não ocorre perda ou ganho de informação genética durante a inversão, esta exerce um impacto mínimo no indivíduo que gera. O maior impacto da inversão pode ser visto durante a formação dos gâmetas, durante a meiose I. Os heterozigotos da inversão não podem formar o emparelhamento homozigótico normal. Por vezes, não se emparelham e permanecem afastados uns dos outros, apresentando os cromossomas apenas um emparelhamento parcial. Nestes casos, o crossing over não ocorre e formam-se os gâmetas com a combinação parental. Assim, formam-se 50% de gâmetas com cromossomas normais e 50% com cromossomas invertidos. Os segmentos invertidos podem emparelhar-se formando uma ansa de inversão e o crossing over tem lugar.

Crossing over na inversão pericêntrica:

Um cromossoma invertido pericêntrico emparelha-se com um cromossoma normal formando uma ansa de inversão. Quando ocorre um único crossing-over, 50% dos gâmetas têm um cromossoma com alguns genes duplicados e outros apagados no mesmo cromossoma. Estes gâmetas não são viáveis e não podem ser transmitidos à geração seguinte. Os restantes 25% têm o cromossoma normal e 25% são cromossomas com inversão pericêntrica. Estes gâmetas sobrevivem e participam na fertilização.

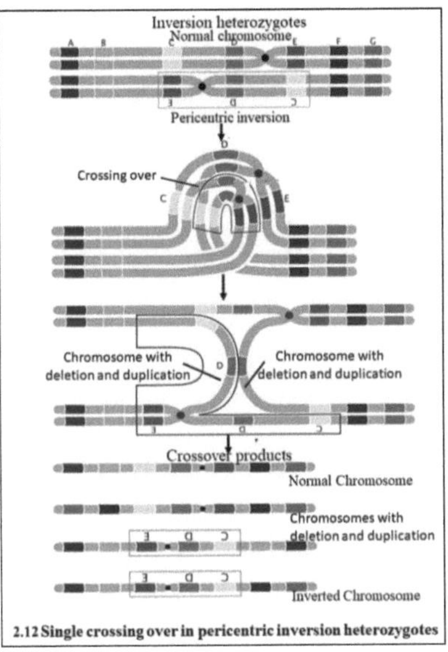

Cruzamento na inversão paracêntrica:

Para o emparelhamento homólogo de heterozigotos com inversão paracêntrica, forma-se uma ansa de inversão como na inversão pericêntrica. Como consequência de um único crossing over em segmentos invertidos, forma-se uma cromátide dicêntrica com dois centrómeros e outra cromátide que não tem centrómero, pelo que é acêntrica. O cromossoma acêntrico distribui-se aleatoriamente em qualquer núcleo ou perde-se durante a anáfase. Num cromossoma dicêntrico, um centrómero liga-se à fibra cromossómica de um pólo e o outro liga-se à fibra cromossómica do outro pólo. Assim, durante a anáfase, é puxado em direção a ambos os pólos e forma-se **uma ponte dicêntrica** de um pólo para o outro. Como resultado, este cromossoma quebra-se e fragmenta-se. Assim, formam-se gâmetas com cromossomas deficientes ou cromossomas quebrados. Estes gâmetas não são viáveis.

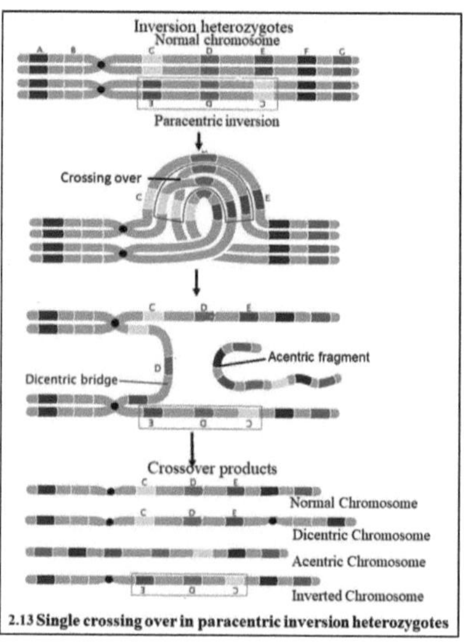

A inversão actua como um supressor de Crossingover:

A inversão no segmento cromossómico reduz o crossing over e a frequência do crossing over. Por isso, a inversão é chamada de "supressor de crossing-over". Em primeiro lugar, se os segmentos invertidos não se emparelharem, o crossing over não pode ocorrer. Em segundo lugar, se forem emparelhados pela formação de anéis de inversão, e se ocorrer crossing over, os gâmetas recombinantes não podem sobreviver e participar na fertilização.

Inversão e evolução:

Uma vez que a inversão suprime o crossing over, apenas as combinações parentais são transportadas para a geração seguinte. Os heterozigotos da inversão produzem dois tipos de indivíduos, um com um cromossoma normal e outro com um cromossoma invertido. Estes são mutuamente férteis e podem reproduzir-se com sucesso entre si. Mas não conseguem reproduzir-se bem com outros indivíduos. Assim, gradualmente eles se tornam reprodutivamente isolados e eventualmente se desenvolvem como uma nova espécie.

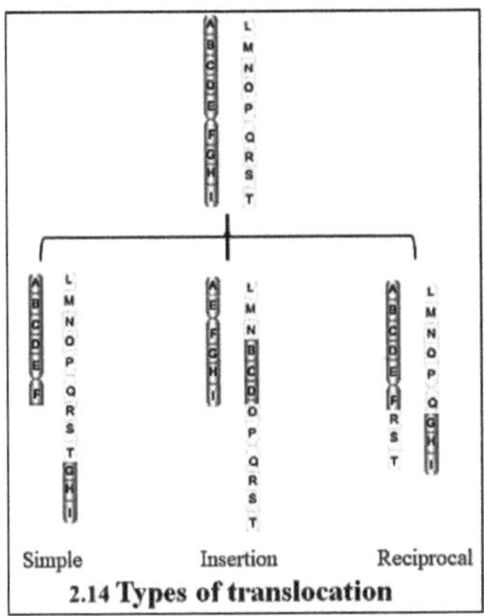

2.14 Types of translocation

iv. TRANSLOCAÇÃO

A translocação é a transferência de parte de um cromossoma para um cromossoma não homólogo. Não há acréscimo ou perda de material genético durante a translocação. Trata-se apenas de um rearranjo do material genético. As translocações são dos seguintes tipos:

a. Translocação simples: Um cromossoma tem uma única quebra e uma parte é separada do cromossoma e liga-se a uma extremidade de um cromossoma não homólogo.

b. Translocação de inserção: A parte de um cromossoma quebra-se e a parte
quebrada é inserida internamente num a cromossoma não-homólogo. Neste caso,
são necessárias pelo menos duas quebras. A primeira quebra   num cromossoma
separa um A segunda quebra é num cromossoma não homólogo onde o pedaço
quebrado é inserido.

c. Translocação recíproca ou equilibrada: Um segmento de um cromossoma
é transferido para outro cromossoma não homólogo e uma parte do segundo
cromossoma é transferida para o primeiro. Assim, ocorre a troca de segmentos
cromossómicos entre dois cromossomas não homólogos. Por translocação
recíproca, formam-se dois cromossomas de translocação num só evento. A
translocação recíproca pode ser homozigótica ou heterozigótica.

Translocação homozigótica e heterozigótica:

Translocação homozigótica: Na translocação homozigótica, dois segmentos
homólogos de um par de cromossomas são translocados para outro par de
cromossomas homólogos. Simultaneamente, os segmentos homólogos são
translocados no primeiro par a partir do segundo par. Assim, formam-se dois
pares de cromossomas de translocação. Este tipo de translocação resulta em
homozigotos de translocação. Estes comportam-se normalmente durante a
meiose e são difíceis de detetar citologicamente. Podem ser identificados apenas
através do estudo do padrão de bandas.

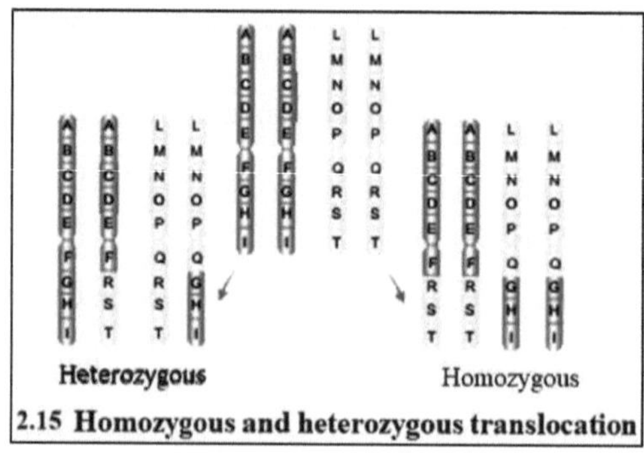

2.15 Homozygous and heterozygous translocation

Translocação heterozigótica: Neste caso, apenas um membro de cada um dos dois pares de cromossomas está envolvido na translocação. A troca de segmentos ocorre e formam-se dois cromossomas de translocação, mas os seus homólogos são cromossomas normais.

Cromossomas de translocação no emparelhamento meiótico:

A translocação resulta na formação de heterozigotos de translocação. Estes apresentam muitas irregularidades meióticas. Durante o emparelhamento homólogo na prófase I, da meiose I, dois pares de cromossomas com translocação recíproca formam uma configuração em forma de cruz. Durante a anáfase I, quando os cromossomas de um par são segregados, formam uma estrutura semelhante a um anel ou uma estrutura semelhante à figura '8'. Quando a estrutura em forma de "8" é formada, um pólo recebe ambos os cromossomas normais e o outro pólo recebe ambos os cromossomas da translocação, resultando numa translocação equilibrada. Ambas as células têm conjuntos completos de material genético, resultando em gâmetas viáveis. 50% dos gâmetas têm ambos os cromossomas normais e 50% têm ambos os cromossomas da translocação. Quando se forma uma estrutura em forma de anel, cada pólo recebe um cromossoma normal e um cromossoma de translocação. Nenhuma das células recebe um conjunto completo de material genético. Cada célula tem alguns segmentos extra e algumas partes em falta. Os gâmetas não são viáveis. Este tipo de segregação é chamado de segregação adjacente. Devido à segregação adjacente, forma-se uma condição semi-estéril. Exemplos de condições semi-estéreis são algumas plantas como o milho, o trigo, a ervilha e a Datura.

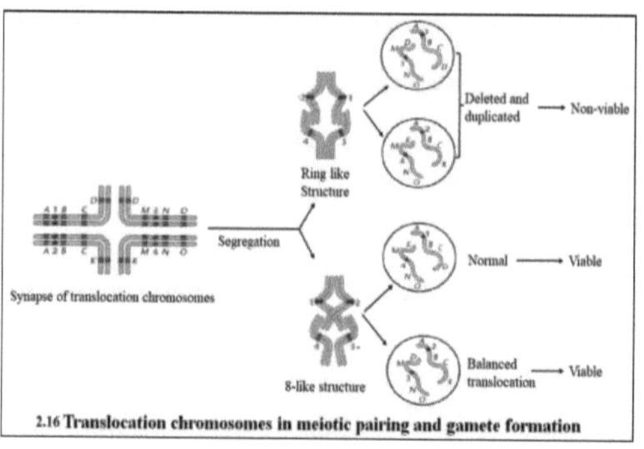

2.16 Translocation chromosomes in meiotic pairing and gamete formation

Exemplos de cromossomas de translocação e suas consequências

1. Translocação Robertsoniana em seres humanos

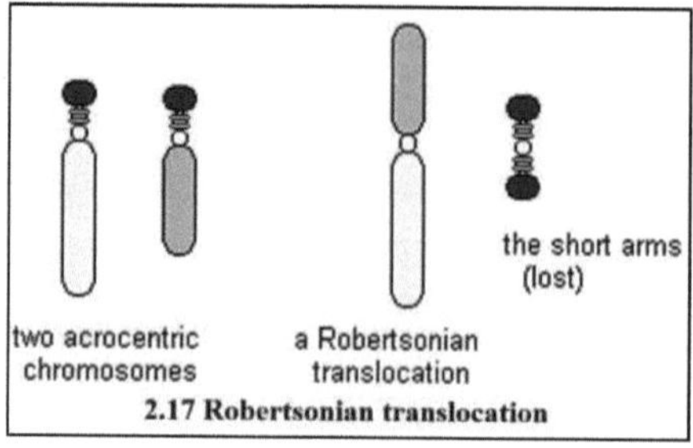

2.17 Robertsonian translocation

Trata-se de um tipo de translocação também designado por fusão cêntrica. Este é o tipo mais comum de rearranjo cromossómico nos seres humanos. O ser humano tem 5 pares de cromossomas acrocêntricos: 13, 14, 15, 21 e 22. O braço p destes cromossomas contém organizadores nucleolares que transportam os genes para o ARNr. Por vezes, perdem-se pequenos fragmentos acrocêntricos do braço p de dois cromossomas não homólogos e os braços q fundem-se nas suas regiões centroméricas. Isto resulta na formação de um novo cromossoma metacêntrico ou submetacêntrico mais longo, com um braço de um cromossoma e outro braço do outro cromossoma. Este tipo de translocação é designado por translocação Robertsoniana. Um destes rearranjos entre o cromossoma 21st e o cromossoma 14th conduz à síndrome de Down familiar. Se um dos pais tiver este tipo de translocação, 25% da descendência pode sofrer de síndrome de Down.

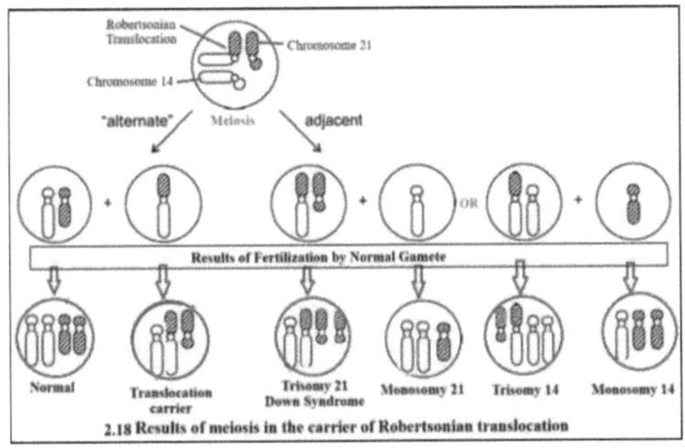

2.18 Results of meiosis in the carrier of Robertsonian translocation

O indivíduo com um cromossoma translocado com braços q de 14th e 21st cromossomas, um cromossoma 14th normal e um cromossoma 21st normal, são fenotipicamente normais.Embora estes indivíduos sejam portadores de apenas 45 cromossomas, são normais, devido a uma translocação equilibrada. A perda de segmentos dos braços curtos destes cromossomas não causa qualquer dano. Isto deve-se ao facto de o ser humano ter 5 pares de cromossomas que transportam os grupos de ADN. Assim, a perda de dois clusters pode ser equilibrada por outros. Durante a formação do gâmeta, 25% dos gâmetas terão um cromossoma normal 21st e o segmento translocado do 21st no cromossoma 14th . Quando um gâmeta deste tipo se funde com um gâmeta normal com 23 cromossomas, tem duas cópias normais do cromossoma 21st e um segmento do 21st no cromossoma 14th . Esta é uma dose tripla do cromossoma 21st que conduz à síndrome de Down.

2. Cromossoma Philadelphia para a leucemia mieloide crónica:

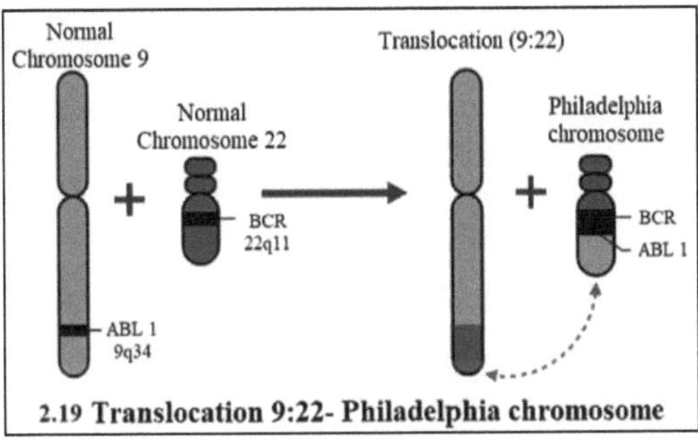

2.19 Translocation 9:22- Philadelphia chromosome

O cromossoma Filadélfia é um cromossoma 22nd anormal formado por uma translocação entre o 9th q34 e o 22nd q11. Trata-se de uma translocação recíproca. Neste rearranjo, um gene ABL 1 do cromossoma 9th é transferido para perto de um gene BCR no cromossoma 22nd. Isto leva à formação de um gene de fusão (BCR-ABL 1) no cromossoma 22. Este gene codifica uma proteína híbrida para a sinalização da tirosina quinase. Esta proteína permite a divisão celular contínua e descontrolada da linhagem de células mieloides. O cromossoma Filadélfia provoca uma perda da estabilidade do genoma e perturba muitas vias de sinalização que controlam as divisões celulares, conduzindo à leucemia mieloide crónica.

3. Complexo de Renner em Oenothera lamarckiana (Onagra):

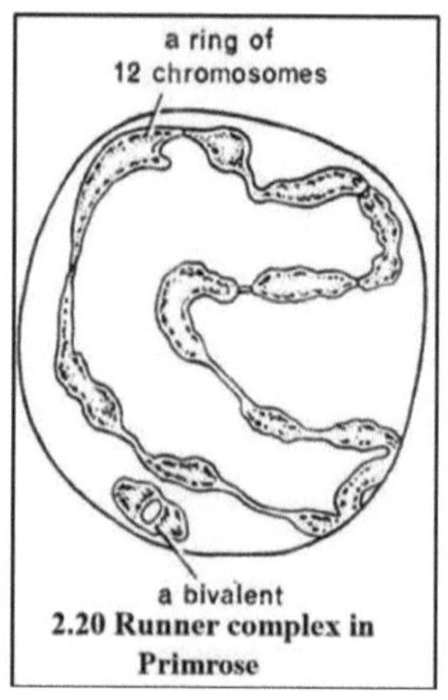

Na onagra, o número de cromossomas haplóides é 7. Nesta planta, ocorre uma série única de translocações equilibradas, em que um segmento terminal de um cromossoma é translocado para uma extremidade de outro cromossoma. O segmento final oposto deste outro cromossoma é translocado para o terceiro cromossoma e assim sucessivamente. Assim, todos os 7 pares de cromossomas sofrem uma série de translocações. Durante a meiose, o emparelhamento homólogo resulta na formação de um anel completo envolvendo 12 cromossomas, chamado **complexo de Renner**. Os restantes dois cromossomas formam um bivalente. Devido a esta complexa série de translocações, apenas os heterozigotos para todos os 7 grupos de ligação podem sobreviver. Todas as outras combinações de genes são letais. Assim, todos os indivíduos são **permanentemente híbridos**.

CAPÍTULO 3

ALTERAÇÕES NO NÚMERO DE CROMOSSOMAS

Todos os organismos têm um conjunto de cromossomas. O número de cromossomas em cada célula de um organismo é a sua caraterística. O número de cromossomas num conjunto único é indicado por "n". Este número é designado por número haploide. Geralmente, as células somáticas têm dois conjuntos de cromossomas. Estas células são chamadas células diplóides e o seu número de cromossomas é designado por 2n. Durante a divisão celular mitótica, este número de cromossomas é mantido em cada célula filha. Durante a meiose, este número de cromossomas é reduzido para metade para formar os gâmetas. Assim, os gâmetas são haplóides com um número "n" de cromossomas. Se houver algum erro durante a divisão celular, pode resultar numa alteração do número de cromossomas. As alterações numéricas podem ser de um ou mais cromossomas de um genoma (aneuploidia) ou relacionadas com o conjunto completo de cromossomas (haploidia e poliploidia).

i. EUPLOIDIA

Esta palavra deriva das palavras gregas "Eu" = verdadeiro ou par, e "ploid" = unidade. Um estado da célula ou de um organismo com um ou mais conjuntos completos de cromossomas é a euploidia. O conjunto de cromossomas é designado por "x". Os euploides podem ser monoploides ou poliploides. O estado de uma célula ou organismo com um único conjunto de cromossomas é a monoploidia. Os poliplóides incluem indivíduos com mais de dois conjuntos de cromossomas. Os poliplóides podem ser triplóides com três conjuntos de cromossomas, tetraplóides com quatro conjuntos de cromossomas, pentaplóides com cinco conjuntos de cromossomas, hexapóides com seis conjuntos de cromossomas, etc.

a. Monoploidia

A monoploidia é a condição em que apenas um conjunto básico de cromossomas está presente. É diferente de haploide. Haploide é metade do número de cromossomas das células somáticas normais. Assim, se um indivíduo é hexaploide, o seu número normal de cromossomas é 6x. Mas o número haploide é 3x que está presente nos seus gâmetas. Portanto, neste caso n=3x. Na maioria dos casos x=n. Os monoplóides, em alguns casos, são produzidos partenogeneticamente. Por exemplo, os machos (zangões) são monossómicos em muitos insectos himenópteros como as abelhas, vespas e formigas. Eles desenvolvem-se partenogeneticamente a partir de ovos não fertilizados. Nas angiospermas, os monoplóides podem ser gerados espontaneamente pelo desenvolvimento partenogenético de ovos. Os monoplóides podem ser produzidos artificialmente por tratamento com raios X, polinização retardada, choque térmico, tratamento com colchicina, hibridação distante e cultura de anteras. Os monoplóides são uma ferramenta importante para o estudo da genética. Os monoploides têm apenas um conjunto de genes. Portanto, todos os genes são expressos neles. Assim, eles podem ser usados para estudar a expressão de genes. São também utilizados para a produção de estirpes puras de reprodução. São geralmente resistentes a insecticidas e produtos tóxicos de pragas e agentes patogénicos.

b. Poliploidia

Estado de ter mais de dois conjuntos de cromossomas. Esta condição é relativamente rara em animais. É bem conhecida em lagartos, anfíbios e peixes. Uma grande variedade de plantas são poliplóides. Os poliplóides geralmente apresentam características benéficas como tolerância à seca, resistência a pragas, maior biomassa, etc. Um número ímpar de conjuntos cromossómicos não se mantém de geração em geração. Eles não podem ser distribuídos igualmente durante a meiose. Assim, não formam gâmetas geneticamente equilibrados. Por estas razões, os triplóides, pentaplóides, etc. não são encontrados em organismos que se reproduzem sexualmente. Algumas plantas estéreis ou que se desenvolvem partenogeneticamente são triploides. A poliploidia pode ser autopoliploidia ou alopoliploidia.

Autopolyploidia

A autopoliploidia é um tipo de poliploidia em que todos os conjuntos de cromossomas de uma célula ou organismo são da mesma espécie. Isto pode ser o resultado de gâmetas diplóides. Se um indivíduo se desenvolve a partir da fusão de um gâmeta diploide de um progenitor e um gâmeta haploide normal de outro progenitor da mesma espécie, forma-se um indivíduo triploide. Se um gâmeta diploide se fundir com outro gâmeta diploide da mesma espécie, forma-se um organismo tetraploide. Os gâmetas diplóides podem ser formados por falha na redução do número de cromossomas ou os progenitores tetraplóides dão origem a gâmetas diplóides por meiose normal bem sucedida. A autopoliploidia pode ser desenvolvida a partir da duplicação somática. A duplicação somática pode ser espontânea ou induzida por alguns agentes como a colchicina. A colchicina é um inibidor microtubular que detém a célula em metáfase e impede a segregação dos cromossomas filhos. Alguns exemplos de autopoliploides são a alfafa, a banana, a melancia, etc. A alfafa é uma planta tetraploide com quatro conjuntos de oito cromossomas cada. As células somáticas têm 4x=32 cromossomas e os gâmetas têm 2x=16 cromossomas. A banana é uma planta triploide ou tetraploide que se desenvolve partenogeneticamente a partir do óvulo. As bananas podem ser autopoliploides ou alopoliploides. As bananas poliplóides são mais saudáveis do que as diplóides. Naturalmente, as melancias são diplóides, mas são possíveis melancias autotriplóides e autotetraplóides. A melancia triploide é gerada a partir de um progenitor diploide e um progenitor tetraploide. Trata-se de frutos de alta qualidade e sem sementes.

Alopoliploidia

Trata-se de uma poliploidia em que estão envolvidos conjuntos de cromossomas de duas espécies diferentes. Resulta da hibridação de duas espécies diferentes. O indivíduo tem um número de cromossomas igual à soma do número haploide das duas espécies. Se o conjunto de cromossomas for distintamente diferente, podem enfrentar um problema na meiose. Os cromossomas não têm parceiros de emparelhamento homólogos no zigoto, pelo que todos os cromossomas se formam univalentes. Os alopoliplóides podem sobreviver se ocorrer uma duplicação somática de todos os cromossomas nas células-mãe do gâmeta. Assim, o número de cromossomas é duplicado antes da meiose. Cada cromossoma tem agora um parceiro de emparelhamento e a meiose ocorre com sucesso, resultando em gâmetas viáveis e não reduzidos. Por exemplo, se a hibridação ocorrer entre AA e BB. 'A' e 'B' são os números dos cromossomas haplóides de ambos os indivíduos. O híbrido será AB. É estéril porque não pode sofrer meiose com sucesso. Assim, a duplicação somática é induzida nas células gametogénicas de AB. Isto resulta em AABB. Que pode efetuar uma meiose bem sucedida e são formados gâmetas viáveis 'AB'. Estes podem dar origem à próxima geração alopoliplóide. O indivíduo AABB é um indivíduo alopoliplóide. Mas comporta-se como um indivíduo di-híbrido com n=A+B na meiose. Por isso, este indivíduo também é referido como um **anfidiplóide.** Exemplos de alopoliplóides são o trigo e o café. O trigo é desenvolvido a partir da hibridação de plantas de dois géneros diferentes. Um dos géneros é o Aegilops e o outro é o Triticum. A hibridação é seguida de duplicação do genoma. Coffea arabica é a única espécie alopoliplóide de café. É originária de C eugenioides e C. canephora.

ii. ANEUPLOIDIA

Se um ou mais (mas < n) cromossomas forem adicionados ou eliminados numa célula, esta situação é designada por aneuploidia. O termo aneuploidia tem origem no termo grego **"aneu"** que significa desigual e **"ploid"** que significa unidade. Assim, a aneuploidia pode ser definida como uma alteração no número de cromossomas, de modo a ter um número diferente do múltiplo exato do conjunto haploide. Se a aneuploidia se deve à perda de cromossomas, chama-se **hipoploidia** e se se deve à adição de cromossomas, chama-se **hiperploidia**. A hipoploidia inclui a perda de um único cromossoma, o que leva à monossomia (2n-1) e a perda de um par de cromossomas leva à nulisomia (2n-2). A hiperploidia inclui a adição de um cromossoma que leva à trissomia (2n+1) e de um par de cromossomas que leva à tetrassomia (2n+2).

Origem da aneuploidia: Não-disjunção

Todos os aneuplóides se desenvolvem devido a um erro durante a divisão celular denominado "não-disjunção". Durante a meiose, na anáfase I, um par de cromossomas homólogos e, na anáfase II, os cromossomas filhos são segregados e movem-se em direção aos pólos opostos. Eventualmente, eles são incorporados em duas células filhas diferentes. Este processo é designado por disjunção dos cromossomas. A falha nesta disjunção é chamada de não-disjunção. Isto causa a migração de ambos os cromossomas de um par na meiose I ou de ambos os cromossomas filhos na meiose II para o mesmo pólo. Assim, a célula que se desenvolve a partir desse pólo tem hiperploidia e a célula do pólo oposto desenvolve hipoploidia. Se a não-disjunção dos cromossomas ocorrer durante a meiose I, haverá dois gâmetas com hipoploidia e dois gâmetas com hiperploidia (Fig. 3.1 A). A não-disjunção cromossómica na meiose II dá origem a dois gâmetas normais e dois gâmetas aneuplóides. Um gâmeta com hipoploidia e um com hiperploidia (Fig. 3.1 B).

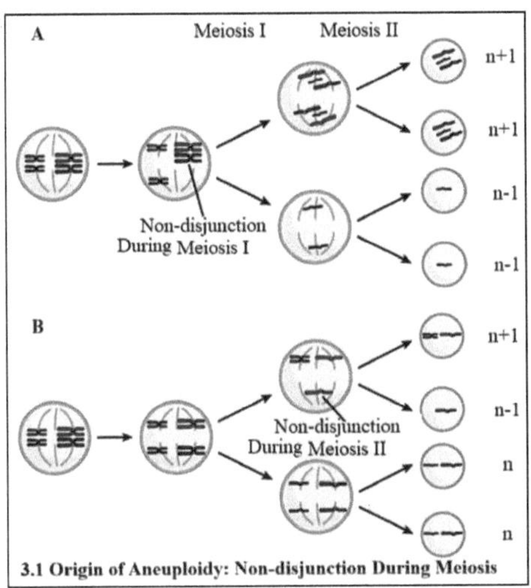

3.1 Origin of Aneuploidy: Non-disjunction During Meiosis

a. Monossomia

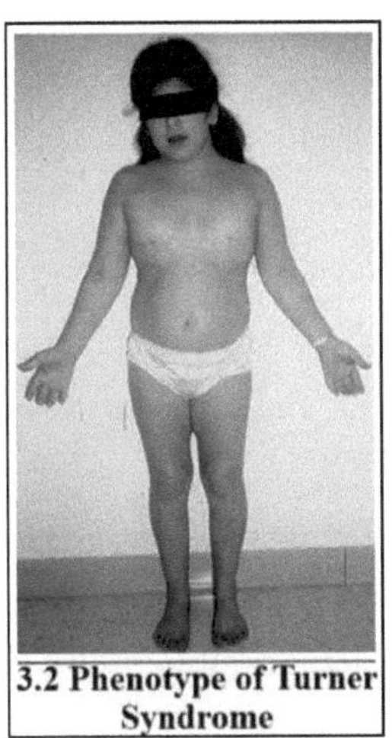

3.2 Phenotype of Turner Syndrome

A monossomia é um tipo de aneuploidia em que falta um cromossoma num par. Assim, o número de cromossomas é 2n-1 nos diplóides. A monossomia de qualquer autossoma não é tolerada em humanos e noutros animais. A única monossomia viável é a síndrome de Turner.

Síndrome de Turner: O ser humano normal tem 22 autossomas e um par de cromossomas sexuais. Um indivíduo com dois cromossomas X (46, XX) é do sexo feminino. Os indivíduos com um cromossoma X e outro Y (46, XY) são do sexo masculino. O cariótipo de um ser humano normal do sexo feminino ou masculino é apresentado na fig. 3.3. A síndrome de Turner resulta de uma monossomia do cromossoma X. É designada por 45, X (Fig. 3.4). Apenas um cromossoma X está presente. O segundo cromossoma X ou o cromossoma Y não está disponível. Estas são fêmeas fenotípicas. Têm genitais externos e ductos semelhantes aos da fêmea, mas os ovários são rudimentares. Outras características são uma estrutura curta, retalhos de pele na parte de trás do pescoço, seios subdesenvolvidos e um peito largo em forma de escudo. O QI é geralmente normal.

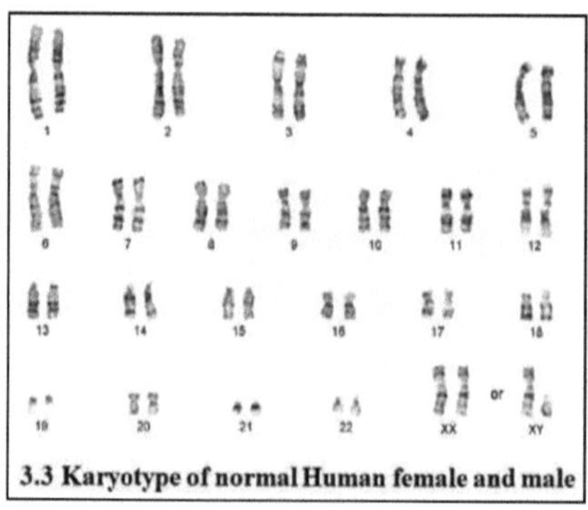

3.3 Karyotype of normal Human female and male

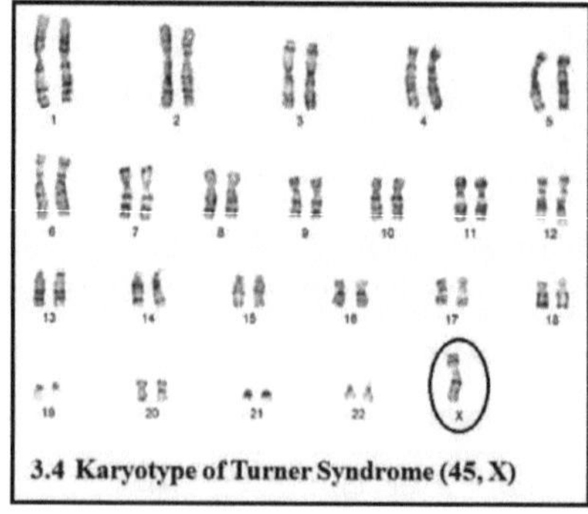

3.4 Karyotype of Turner Syndrome (45, X)

A Drosophila tem quatro pares de cromossomas. As moscas monossómicas para um pequeno cromossoma 4 sobrevivem. Estas são designadas por "Haplo-IV". No entanto, estas moscas desenvolvem-se lentamente, têm um corpo pequeno e uma viabilidade reduzida. A monossomia de cromossomas grandes é aparentemente letal, uma vez que não há registo de moscas com monossomia do cromossoma 2nd ou 3rd. A maioria dos indivíduos monossómicos não consegue sobreviver, embora tenha outra cópia de todos os genes nos cromossomas homólogos. Parece que a monossomia pode perder alguns alelos dominantes com fenótipo letal. Por este facto, apenas estão presentes alelos recessivos nos parceiros homólogos. A ausência de alelos dominantes leva à morte do indivíduo. Outra razão pode ser o fracasso do processo de desenvolvimento. O desenvolvimento é um processo muito delicado e baseia-se precisamente no equilíbrio fino de determinados produtos genéticos. Qualquer perturbação neste equilíbrio devido à perda de um cromossoma pode ser responsável pela intolerância. Embora a maioria dos animais não seja capaz de tolerar a monossomia, muitas plantas sobrevivem com monossomia. E. R. Sears produziu trigo monossómico. O trigo comum tem 21 cromossomas. Produziu com sucesso 21 tipos de monossomias, eliminando um cromossoma de cada par de cada vez. Estas variedades são designadas por "primavera Chinesa". São utilizadas para estudar a localização dos genes e outros aspectos genéticos. J. E. Endrizzi isolou a monossomia do algodão (2n=52), enquanto E. R. Clausen e D. R. Cameron produziram tabaco monossómico (2n=48). Observam-se monossomias no milho, no tomate, na onagra e na datura. As monossomias são mais bem toleradas nos poliplóides do que nos diplóides. A monossomia dupla é um estado de deleção de dois cromossomas não-homólogos, enquanto a deleção de três cromossomas não-homólogos é a monossomia tripla. As monossomias duplas (2n-1-1) ou triplas (2n-1-1-1) podem também ser possíveis em poliplóides como o trigo.

b. Nulissomia

A nulissomia é a perda de um par de cromossomas homólogos (2n-2). Os diplóides nulisómicos não podem sobreviver. Mas um poliploide nulisómico pode sobreviver. Por exemplo, o trigo hexaplóide com nulissomia (6n-2) pode sobreviver, mas apresenta um vigor e uma fertilidade reduzidos.

c. Trissomia

A trissomia é a adição de um cromossoma extra num genoma diploide. Os organismos trissómicos são mais viáveis do que os monossómicos, tanto em plantas como em animais. Pode ser designada por 2n+1. Para o desenvolvimento da trissomia, o cromossoma extra adicionado pode ser qualquer um dos cromossomas do conjunto haploide. Assim, o número de trissomias possíveis num organismo é igual ao seu número de cromossomas haplóides.

Evidência citológica de trissomia: A trissomia pode ser detectada citologicamente através da observação de sinapses meióticas. Nestas, os três cromossomas estão organizados numa configuração específica chamada trivalente. Outra forma de detetar a trissomia é a hibridação in situ fluorescente (FISH). Nesta técnica, são utilizadas sondas marcadas com fluorescência para detetar os cromossomas. Após a hibridização, as células são observadas num microscópio fluorescente. A presença de três sinais é uma indicação da trissomia desse cromossoma.

Na Drosophila, a trissomia do cromossoma sexual é comum. A trissomia do X dá origem a uma metafêmea (3X:2A) que pode sobreviver e reproduzir-se, mas é menos viável do que uma fêmea normal. A trissomia humana do cromossoma sexual dá origem a vários síndromes devido à adição de um cromossoma extra. A mais comum é a síndrome de Klinefelter.

Síndroma de Klinefelter: Estes indivíduos com trissomia dos cromossomas sexuais são designados por 47, XXY (Fig. 3.5 B). São fenotipicamente do sexo masculino (Fig. 3.5 A). Estes indivíduos têm genitais externos e ductos internos semelhantes aos masculinos, mas testículos rudimentares. Eles são estéreis. Não são capazes de produzir esperma. São altos, com braços e pernas compridos e mãos e pés grandes. Apesar de serem machos, o desenvolvimento sexual feminino não é completamente suprimido. Apresentam seios subdesenvolvidos (ginecomastia) e ancas arredondadas. Devido ao seu desenvolvimento sexual ambíguo, são designados pela sociedade como intersexuais. O QI é geralmente inferior ao normal.

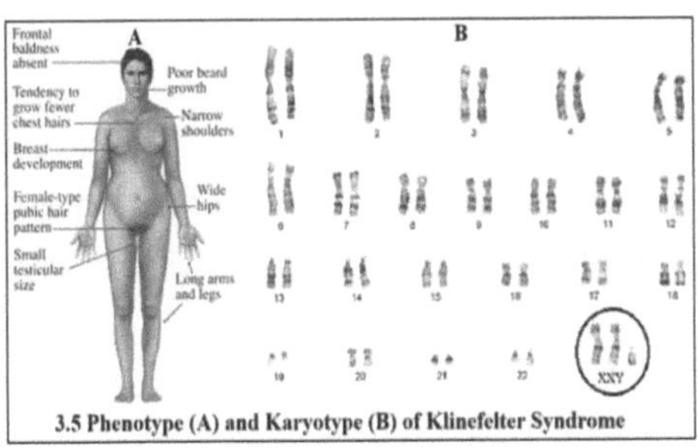

3.5 Phenotype (A) and Karyotype (B) of Klinefelter Syndrome

As trissomias autossómicas também são viáveis nos seres humanos, sobretudo se se tratar de um cromossoma mais pequeno. Embora sobrevivam, apresentam muitas anomalias e não podem sobreviver mais tempo. Exemplos de trissomias autossómicas viáveis em humanos são a Síndrome de Down, a Síndrome de Patau e a Síndrome de Edwards.

Síndrome de Down

Em 1866, John Down descobriu esta doença, denominada "síndroma de Down". É causada pela trissomia do cromossoma 21st e é designada por 47, +21. Esta é a única trissomia autossómica, um número significativo de indivíduos que pode sobreviver mais de um ano. Encontra-se em aproximadamente um bebé em cada 800 nados vivos. A aparência dos indivíduos é muito semelhante e eles têm uma grande semelhança entre si.

As características fenotípicas típicas são a presença de uma prega epicântica no canto de cada olho, uma face plana e uma cabeça redonda. São baixos e também têm línguas salientes e sulcadas, mantendo a boca parcialmente aberta. Têm mãos e dedos curtos e largos com impressões digitais características. Têm um tónus muscular fraco e um atraso no desenvolvimento físico, psicomotor e mental. A sua esperança de vida é mais curta. Alguns dos indivíduos podem sobreviver até aos 50 anos. São propensos a doenças respiratórias, malformações cardíacas, leucemia e doença de Alzheimer.

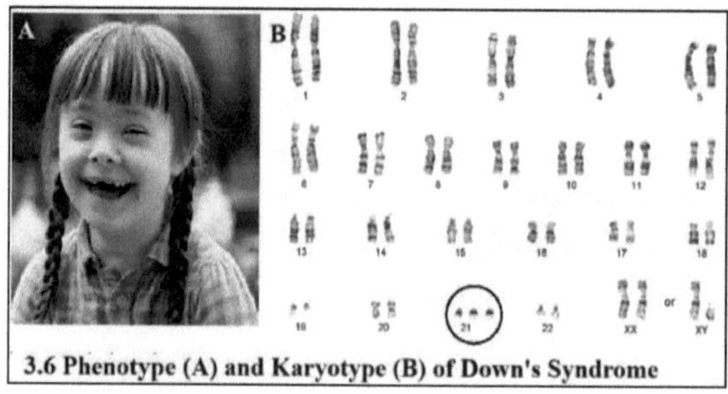

3.6 Phenotype (A) and Karyotype (B) of Down's Syndrome

A probabilidade de ocorrência da síndrome de Down aumenta com o aumento da idade materna. Isto deve-se ao facto de a não disjunção do cromossoma 21st ser mais provável de ocorrer durante a oogénese em mulheres com idade superior a.

Síndrome de Patau

Em 1960, Klaus Patau e os seus colaboradores observaram um bebé com graves malformações de desenvolvimento e com um cariótipo de 47 cromossomas. Mais tarde, descobriu-se que o cromossoma acrocêntrico adicional de tamanho médio era o cromossoma 13. Assim, a trissomia do 13 é designada por síndrome de Patau, ou seja, 47, +13. A frequência de ocorrência desta patologia é de 1 em 19000 nados-vivos.

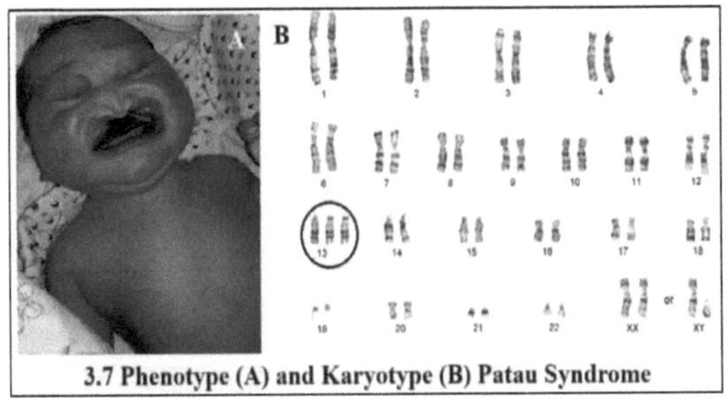

3.7 Phenotype (A) and Karyotype (B) Patau Syndrome

O bebé afetado não está mentalmente alerta e pensa-se que é surdo. Tem lábio leporino, fenda palatina e polidactilia. Apresenta uma malformação congénita na maioria dos sistemas de órgãos, indicando acontecimentos anormais de desenvolvimento durante a gestação precoce. A idade média de sobrevivência é de três meses. A trissomia surge devido à não-disjunção durante a oogénese ou a espermatogénese. A idade superior a 32 anos de ambos os pais é considerada um fator de risco para o desenvolvimento desta síndrome.

Síndrome de Edwards

Em 1960, Edwards e os seus colegas relataram uma criança com trissomia do cromossoma 18th . Esta condição é denominada síndrome de Edwards e é designada por 47, +18. Apresentam malformações congénitas e esperança de vida reduzida. São mais pequenos do que a média dos recém-nascidos. O seu crânio é alongado na direção anterior-posterior, as orelhas são baixas e malformadas. Têm um pescoço emaranhado, queixo recuado e luxação congénita das ancas. A vida média é inferior a quatro meses. A morte é geralmente causada por pneumonia ou insuficiência cardíaca.

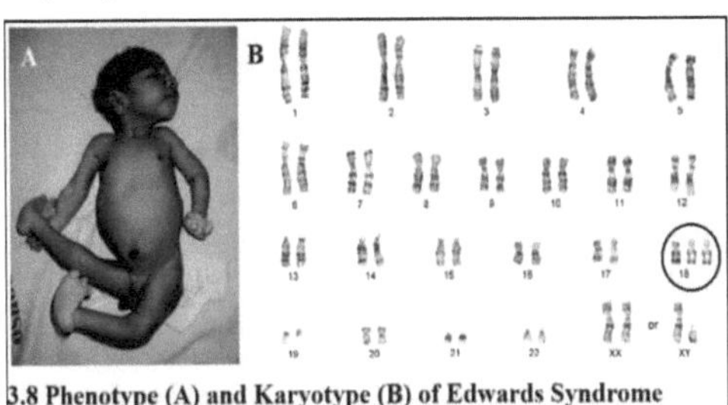

3.8 Phenotype (A) and Karyotype (B) of Edwards Syndrome

A frequência de ocorrência é de 1 em 8000 nados-vivos. Em 80% dos casos, uma idade materna superior a 35 anos é o fator de alto risco para o desenvolvimento desta síndrome.

Trissomia em plantas

Os indivíduos trissómicos são viáveis em plantas, mas apresentam fenótipos alterados. Por exemplo, a planta datura tem 24 cromossomas num estado diploide. São possíveis 12 condições trissómicas primárias diferentes. Cada trissomia produz uma cápsula do fruto alterada e única. Um exemplo semelhante foi encontrado no arroz. O seu número de cromossomas haplóides é 12. Apresenta 11 fenótipos diferentes alterados em relação ao tipo selvagem. A trissomia dos cromossomas mais longos causa mais desequilíbrio genético do que a dos cromossomas mais pequenos. Afecta a taxa de crescimento, a estrutura das folhas, a folhagem, os caules, a morfologia dos grãos e a altura da planta em várias trissomias.

d. Tetrasomia

A presença de dois cromossomas extra num organismo diploide é a tetrasomia, designada por 2n+1+1. A tetrasomia é viável nas plantas. Todas as 21 tetrasomias possíveis estão presentes no trigo.

CAPÍTULO 4

MUTAÇÃO DO GENE

O gene é um segmento de ADN que é transcrito para um ARN funcional. É uma sequência de nucleótidos. Qualquer alteração nesta sequência de nucleótidos leva a uma alteração no ARN, resultando numa alteração do fenótipo. Uma mutação genética pode ser definida como uma mudança súbita na informação química armazenada no gene. A informação é armazenada num gene em tripletos de nucleótidos que codificam os aminoácidos. A sequência de nucleótidos no ARNm reflecte-se numa sequência de aminoácidos nas proteínas. A sequência de aminoácidos numa proteína reflecte-se na estrutura das funções da proteína. Assim, qualquer alteração na sequência de nucleótidos de um gene conduz a uma alteração na sequência de nucleótidos e nos tripletos de codões no ARNm. Isto resulta numa alteração da sequência de aminoácidos na proteína que se reflecte numa alteração de alguns fenótipos. As mutações genéticas podem ser de substituição, deleção ou inserção. As mutações genéticas podem resultar numa mutação pontual ou numa mutação de deslocamento do quadro (frameshift).

A. MUTAÇÃO DE PONTO

Uma mutação causada por uma alteração num único ou num número muito reduzido de nucleótidos é designada por mutação pontual. A mutação pontual pode ser causada por substituição, adição ou supressão de um único ou de muito poucos pares de bases no ADN.

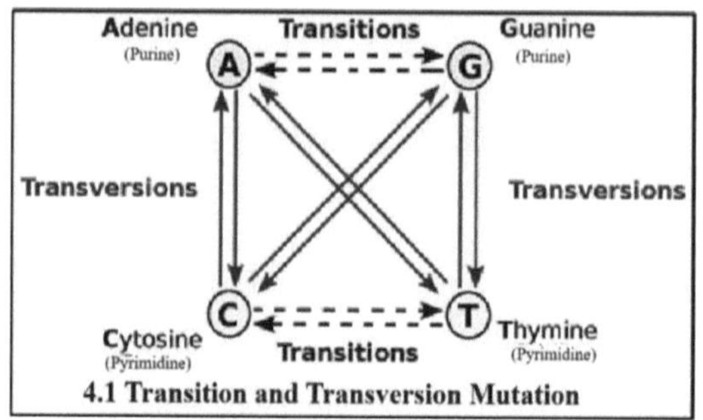

•O tipo de mutação causada pela substituição de um nucleótido por outro é uma mutação de substituição. Se uma purina é substituída por outra purina ou uma pirimidina é substituída por outros nucleótidos de pirimidina, então a mutação é chamada mutação de transição.

•Pirimidina a pirimidina: 1. T a C2. C para T

•Purina a purina:1. A para G2. G para A

A substituição de uma purina por uma pirimidina e de uma pirimidina por uma purina é designada mutação de transversão. Estas mutações podem ser causadas por erros de replicação, mudanças tautoméricas e outras razões.

Pirimidina para Purina:	1. T para A	2. T para G
Purina para pirimidina:	3. C para A 1. De A a T	4. C para G 2. A a C
	3. G para T	4. G para C

Causas de mutação pontual:

Erros de replicação: Embora o processo de replicação seja altamente preciso, as probabilidades de ocorrerem erros de ligação são de 10^{10} . A atividade de revisão da maquinaria de replicação e o sistema de reparação de incompatibilidades da célula reparam muitas incompatibilidades antes da próxima ronda de replicação. Ainda assim, algumas das incompatibilidades não são reparadas, dando origem a mutações de substituição.

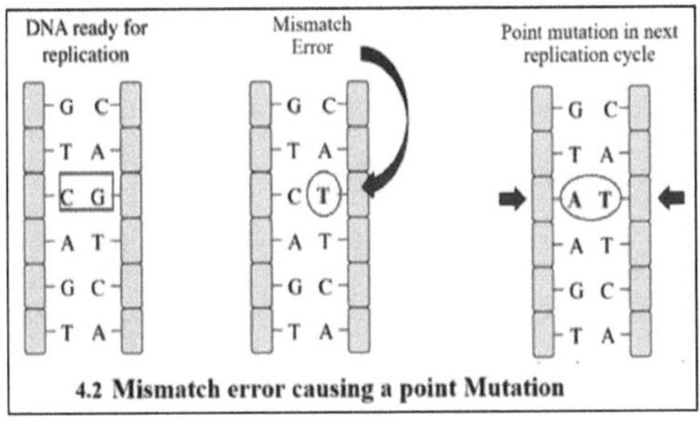

Mudanças Tautoméricas: Em 1953, Watson e Crick reconheceram que as bases azotadas podem mudar em formas químicas alternativas. São os chamados isótopos estruturais ou formas tautoméricas. A timina e a guanina podem estar nas formas ceto e enol, enquanto a citosina e a adenina estão nas formas amino e imino. As formas tautoméricas transitórias podem formar ligações de hidrogénio com bases não complementares, o que resulta na deslocação do par de bases no ciclo de replicação seguinte. Esta alteração na estrutura de ligação é designada por Watson e Crick como um desvio tautomérico. Embora o padrão de ligação mude devido ao deslocamento tautomérico, as purinas formam sempre pares com uma pirimidina e as pirimidinas formam pares com purinas. Assim, os possíveis pares não homólogos são T=G e C=A. As incompatibilidades não reparadas resultam numa alteração completa do par de bases na ronda seguinte de replicação. Isto resulta na substituição de um nucleótido, causando uma mutação pontual.

Análogos de bases: Estas substâncias químicas têm estruturas que se assemelham às bases azotadas. Por exemplo, o 5-bromo uracil tem uma estrutura que se assemelha à timina. Aqui a timina tem um grupo metilo em C^5 , substituído por bromo no 5-bromo uracilo. Devido à semelhança estrutural, o 5-bromo uracilo pode substituir a timina. O 5-bromo uracilo pode apresentar-se na forma ceto ou na forma enol. A forma ceto emparelha-se com a adenina, enquanto a forma enol emparelha-se com a guanina. A presença de bromo aumenta a possibilidade de uma forma enol do 5-bromo uracilo que emparelha com a guanina em vez da adenina. Se não for reparada, ocorre uma mutação pontual por substituição do nucleótido no ciclo de replicação seguinte.

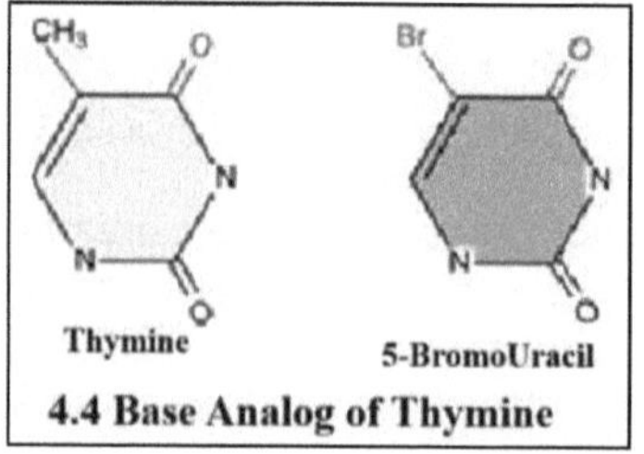

Desaminação espontânea: A remoção do grupo amino da base azotada é a d e s a m i n a ç ã o . A desaminação espontânea pode ocorrer em algumas bases. A desaminação da citosina resulta na formação de uracilo. O uracilo emparelha-se com a adenina. Assim, o par original C=G será substituído por U=A no próximo ciclo de replicação. Isto resulta numa mutação pontual.

Consequências da mutação pontual:

A alteração da sequência nucleotídica causada pela mutação pontual pode alterar o códão tripleto ou a afinidade pelos factores de transcrição. Uma mutação pontual na região codificadora provoca uma alteração no quadro de leitura do ARNm. Quando um tripleto de códon muda, um aminoácido diferente é incorporado durante a tradução. Se ocorrer uma alteração na sequência reguladora, isso pode alterar a expressão do gene. Com base nas consequências, as mutações pontuais são uma mutação missense, uma mutação Nonsense, uma mutação silenciosa ou uma mutação no local de splice.

a. Mutação missense: A mutação pontual no quadro de leitura resulta numa alteração de um aminoácido na proteína resultante ou uma mutação pontual na região reguladora do gene que resulta numa alteração da afinidade para os factores de transcrição é a mutação missense. A alteração de um aminoácido na proteína pode ou não ter um impacto importante na estrutura e no funcionamento da proteína.

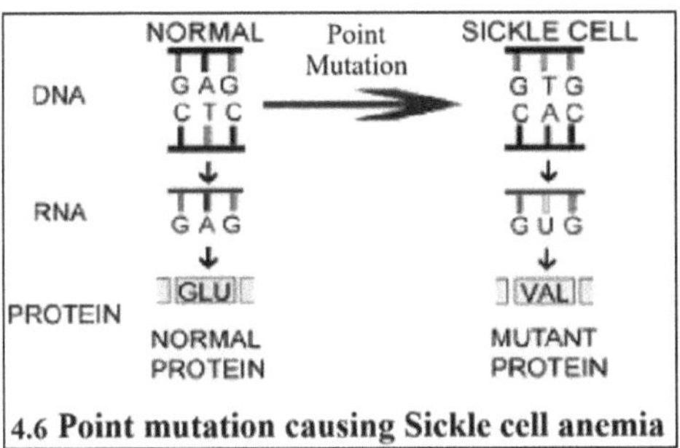

4.6 Point mutation causing Sickle cell anemia

Uma das mutações pontuais com maior impacto é a da anemia falciforme. Nesta mutação pontual, o T é substituído pelo A no gene da globina B no cromossoma 11. Isto resulta num códão tripleto GUG em vez de GAG. O códon tripleto GAG codifica o ácido glutâmico, enquanto o códon GUG codifica a valina. Assim, o ácido glutâmico é substituído pela valina na posição 6th na globina B. Isto resulta em anemia falciforme.

b. Mutação sem sentido: Neste tipo de mutação pontual, o códon tripleto muda para um códon de paragem. Três dos tripletos, ou seja, UAA, UAG e UGA, não codificam nenhum aminoácido. Estes causam o fim do processo de tradução. São os chamados codões de paragem ou codões sem sentido. Devido à mutação pontual, se um códon de sentido for convertido num códon sem sentido, trata-se de uma mutação sem sentido. A mutação sem sentido provoca a interrupção prematura da síntese proteica. Isto forma uma cadeia polipeptídica mais curta e sem função.

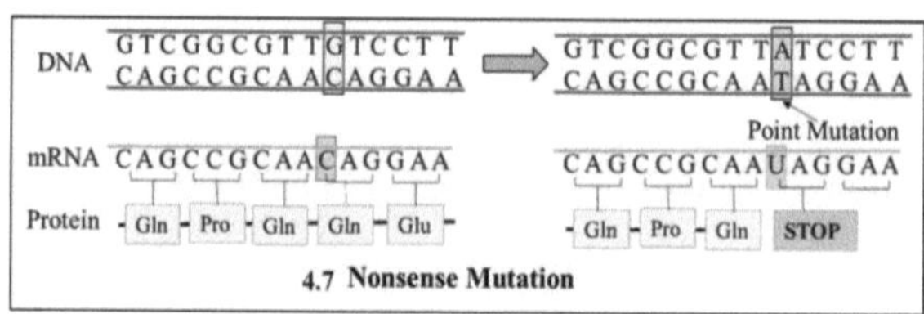

O exemplo mais bem estudado de mutação sem sentido é a mutação de um gene CFTR responsável pela fibrose quística. Trata-se de uma doença genética que provoca uma secreção mais espessa das glândulas mucosas, sudoríparas ou digestivas com maior concentração de sal. A CFTR é uma proteína transmembranar que mantém o equilíbrio de sal e água em muitas superfícies do corpo. Uma mutação sem sentido no gene da CFTR provoca uma terminação prematura da síntese proteica, dando origem a uma proteína truncada.

c. Mutação silenciosa: A mutação pontual que não afecta a sequência de aminoácidos na proteína que codifica. Isto pode dever-se à natureza degenerada do código genético. A alteração do código tripleto dá origem a um novo código tripleto que codifica o mesmo aminoácido. A outra forma de mutação silenciosa é uma mutação pontual na parte não-codificante de um gene. Uma mutação pontual nos intrões pode não reflectir qualquer alteração na sequência de aminoácidos da proteína.

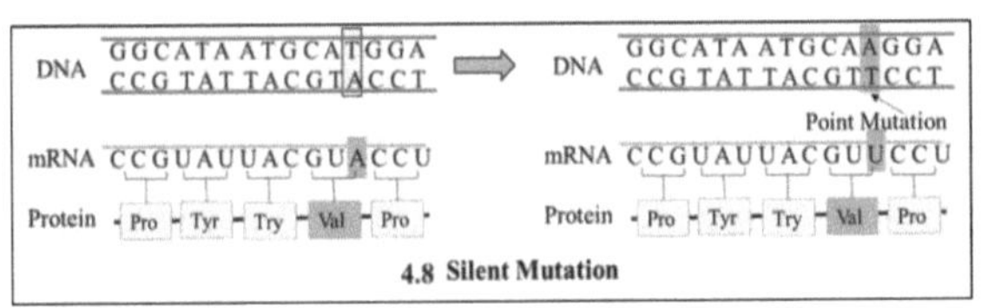

d. Mutação do local de splice: Uma mutação pontual que altera o local de splicing causando um splicing invulgar do mRNA é a mutação do local de splice. O transcrito primário do ARNm eucariótico tem sequências codificantes chamadas exões interrompidas por sequências não codificantes chamadas intrões. O transcrito primário é processado para remover os intrões e voltar a juntar os exões através da maquinaria de splicing. O splicing é muito preciso e nunca se engana nem mesmo num nucleótido. O produto final é um ARNm maduro que está pronto para ser traduzido. Qualquer falha no mecanismo de splicing leva a uma alteração no quadro de leitura do ARNm. Uma alteração no quadro de leitura leva a uma alteração na sequência de aminoácidos da proteína. Para este processo, é necessário um local de emenda 5'. O local de splice 3' e um resíduo de adenina no intrão desempenham um papel importante. Uma mutação pontual que cause qualquer alteração nas sequências críticas para o splicing correto provoca uma alteração no processo de splicing. Um dos exemplos excelentes é a mutação de C para T no gene CFTR da fibrose cística. Esta mutação encontra-se no intrão 19th , causando a inclusão de um exão invulgar de 84 pares de bases no ARNm maduro. Isto não altera o quadro de leitura, mas resulta numa proteína truncada.

B. MUTAÇÃO DE FRAMESHIFT

Uma mutação que provoca uma deslocação do quadro de leitura de um ARNm é uma mutação de frameshift. O quadro de leitura do ARNm é uma sequência de nucleótidos que codifica uma proteína específica. Começa com um códão de início, AUG, e termina com qualquer um dos códões de paragem, UAA, UAG ou UGA. Apresenta-se sob a forma de codões tripletos que codificam aminoácidos. A adição ou deleção de um ou dois nucleotídeos a esse quadro perturba o quadro de tripletos. Um deslocamento no quadro de leitura causa uma mudança completa na sequência de aminoácidos em frente ao local mutado. Alguns cientistas consideram a mutação de deslocamento de quadro como um tipo de mutação pontual causada pela adição ou deleção de nucleotídeos.

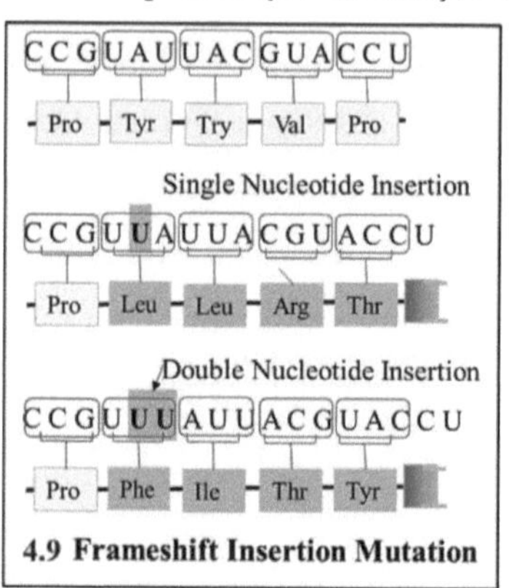

a. **Mutação de inserção de frameshift:** Uma mutação que causa a adição de um ou mais nucleótidos que não são divisíveis por três, num quadro de leitura aberto, é uma mutação de adição de frameshift. A adição de um único nucleotídeo desloca o quadro à esquerda em um nucleotídeo. A adição de dois nucleótidos desloca o quadro em dois nucleótidos à esquerda e assim por diante. Isto irá alterar os códons tripletos a partir do ponto de adição. Isto irá alterar a sequência de aminoácidos e produzir uma nova proteína sem função.

Uma das mutações no gene CFTR responsável pela fibrose quística é uma inserção de dois nucleótidos que provoca um desvio de estrutura.

A adição de três ou múltiplos de três nucleótidos não desloca o quadro de leitura. Isso causará a adição de novos códons no quadro de leitura. Um ou mais aminoácidos extra são adicionados à proteína.

b. **Mutação de deleção frameshift:** Uma mutação que causa a deleção de um ou mais nucleotídeos que não são múltiplos de três, a partir do quadro de leitura é uma mutação de deleção frameshift. A deleção de dois nucleotídeos desloca o quadro para a direita em dois nucleotídeos e assim por diante. Isto também altera os códons tripletos em frente ao local da deleção. A sequência de aminoácidos altera-se, formando uma nova proteína sem função. Uma das mutações de deleção por deslocamento de quadro mais influenciadas é a que causa a doença de Tay Sachs. A mutação encontra-se no gene HEXA. Trata-se de uma deleção de um único nucleótido. O C na posição 1510 é eliminado, causando um deslocamento de quadro.

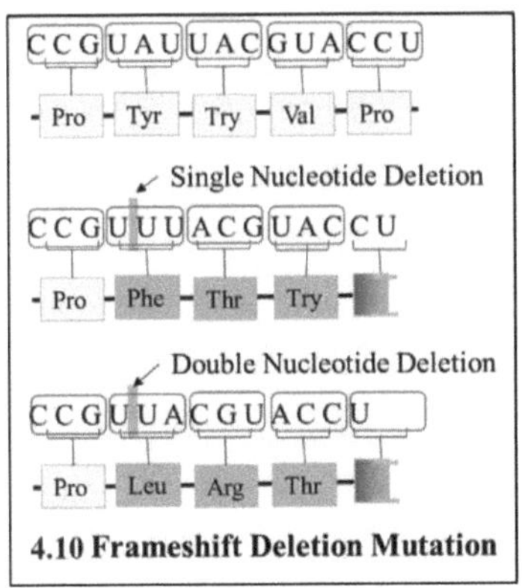

A deleção de três ou múltiplos de três nucleotídeos não causa um deslocamento de quadro (frameshift). Elimina um ou mais códons do quadro, causando um ou mais aminoácidos a menos na proteína.

CAPÍTULO 5

MUTAÇÕES INDUZIDAS

As mutações que ocorrem naturalmente são mutações espontâneas. No decurso da evolução, essas mutações ocorrem raramente. A acumulação destas mutações ao longo de milhares de anos leva a um passo contável na evolução. O estudo das mutações ajuda sempre a compreender os complexos padrões de expressão dos genes e os seus reflexos fenotípicos. As doenças genéticas são causadas por um ou mais tipos de mutações em genes de tipo selvagem. Isso perturba o carácter normal ou o metabolismo desse indivíduo. O estudo de tais mutações ajuda a compreender o papel do gene no desenvolvimento ou no metabolismo. A mutação, produzida intencionalmente em laboratório utilizando alguns agentes, é chamada de mutação induzida. Os agentes causadores de mutações são os mutagénicos. Os agentes mutagénicos podem ser físicos ou químicos. Outra forma de induzir uma mutação é o knockout de genes. Esta técnica ajuda na mutação de genes específicos. Estes métodos são utilizados para gerar modelos de estudo para o estudo genético. Em 1927, H. J. Muller relatou pela primeira vez a utilização de raios X como agente mutagénico em Drosophila. Em 1928, L. J. Stadler relatou que os raios X podem causar mutações na cevada. Existem muitos agentes mutagénicos que podem ser utilizados para induzir mutações. Os agentes mutagénicos podem ser químicos ou físicos

a. Mutagénese física

i. Radiação UV

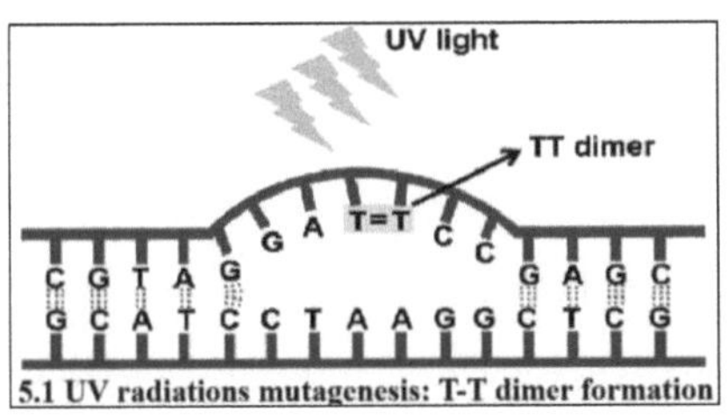

5.1 UV radiations mutagenesis: T-T dimer formation

UV é a radiação ultra-violácea com comprimentos de onda entre 100 e 400nm. Estas são radiações não ionizantes emitidas p e l o sol e por fontes artificiais. As purinas e as pirimidinas absorvem intensamente as radiações UV no comprimento de onda de 260 nm. O principal efeito da radiação UV é a formação de dímeros de pirimidina, particularmente entre dois resíduos de timidina vizinhos (dímeros T-T). Podem também formar-se dímeros de citosina-citosina (C-C) e timina-citosina (T-C), mas são menos frequentes. Os dímeros distorcem a conformação do ADN e inibem a replicação normal. Como resultado, podem ser introduzidos erros de replicação na sequência de nucleótidos. O efeito extensivo pode levar à morte de microrganismos.

ii. Radiações de alta energia

H. J. Muller e L. J. Stadler, em 1920, demonstraram que os raios X induzem mutações. Os raios X, os raios gama e os raios cósmicos são radiações ionizantes de comprimento de onda curto do espetro eletromagnético. Como têm um comprimento de onda curto, têm um elevado poder de penetração. Como resultado, podem penetrar profundamente nos tecidos, causando a ionização das moléculas que se encontram pelo caminho. Os raios X, ao penetrarem numa célula, causam ionização, e os electrões são ejectados dos átomos e moléculas. Estas moléculas são transformadas em radicais livres. Estes são altamente reactivos e podem danificar o material genético, alterando as purinas e as pirimidinas, causando mutações pontuais.

iii. Temperatura

A temperatura é a fonte das mutações. O modo exato de mutação não é claro. Verifica-se que as temperaturas extremas são mais mutagénicas. As temperaturas muito baixas e muito altas aumentam a taxa de mutações. Chu et al. 2018 mostrou que a temperatura mais alta causa uma mutação nas regiões codificantes do que nas regiões não codificantes do DNA. Foi proposto que temperaturas extremas promovem quebras de fita simples e fita dupla no DNA. Isso pode resultar em tipos de mutações de deleção, inversão e translocação.

b. Mutagénese química

i. Análogos de base

Os análogos de bases são substâncias químicas que têm estruturas muito semelhantes à estrutura das bases azotadas do ADN. Assim, estes produtos químicos podem substituir as bases do ADN durante a replicação. Estes análogos de bases podem interferir com o metabolismo normal do ADN, por exemplo, o 5-bromouracil é um análogo de base da timina. A única diferença entre a timina e o 5BU e a timina é que o 5BU tem bromo no seu carbono 5th enquanto a timina tem metileno. O bromo na base aumenta as hipóteses de deslocamento taurtomérico. O deslocamento tautomérico é uma mudança nas formas taurtoméricas da base azotada. Isto provoca um emparelhamento errado das bases. Assim, o 5BU emparelha-se com G em vez de A. Isto pode levar à substituição permanente do par de bases A=T pelo par de bases $G\equiv C$ no ADN no ciclo seguinte de replicação do ADN.

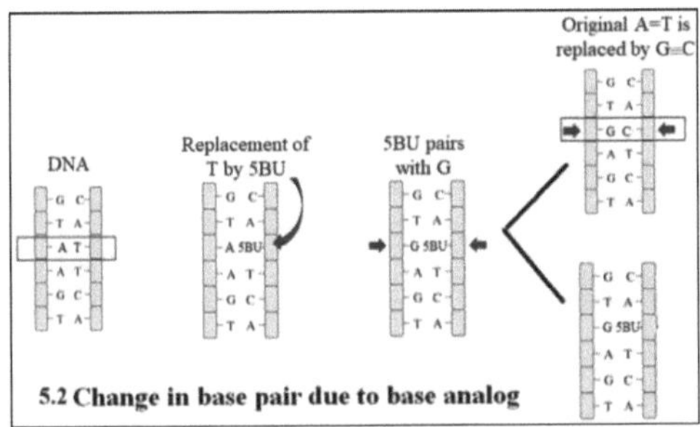

ii. Agentes alquilantes

Os agentes alquilantes são os produtos químicos que doam um grupo alquilo a grupos amino ou ceto de bases azotadas. Geralmente, grupos alquilo como CH_3 ou $CH_3 CH_2$ são adicionados à base azotada. Isto altera a afinidade de emparelhamento das bases alquiladas, resultando numa alteração dos pares de bases.

O etilmetano sulfonato (EMS) é um agente alquilante que alquila grupos ceto na posição 6th da guanina e na posição 4th da timina. A guanina 6-etil resultante é uma base análoga à adenina e emparelha com a timina. O gás mostarda, o sulfureto de di- (2-cloroetilo) e o etil-etano sulfonato (EES) são outros agentes alquilantes.

iii. Produtos químicos que provocam uma adição ou eliminação de pares de bases

Mutagénicos químicos como os corantes de acridina causam a adição ou remoção de um par de bases. Isso resulta em uma mutação frameshift. Esta mutação provoca a síntese de uma proteína não funcional com uma sequência de aminoácidos diferente.

iv. Agentes intercalantes

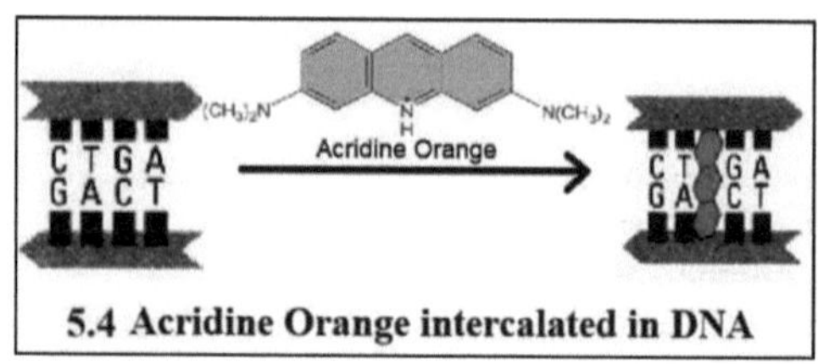

5.4 Acridine Orange intercalated in DNA

Os agentes de intercalação são moléculas aromáticas com múltiplos anéis policíclicos. São planas e têm dimensões idênticas às dos pares de bases azotadas. Podem intercalar-se entre os pares de bases de moléculas de ADN intactas. Induzem contorções na hélice do ADN e causam a eliminação ou inserção de pares de bases. A proflavina, a acridina e o etídio são alguns exemplos de agentes intercalantes.

c. Mutação genética induzida por knock out de genes

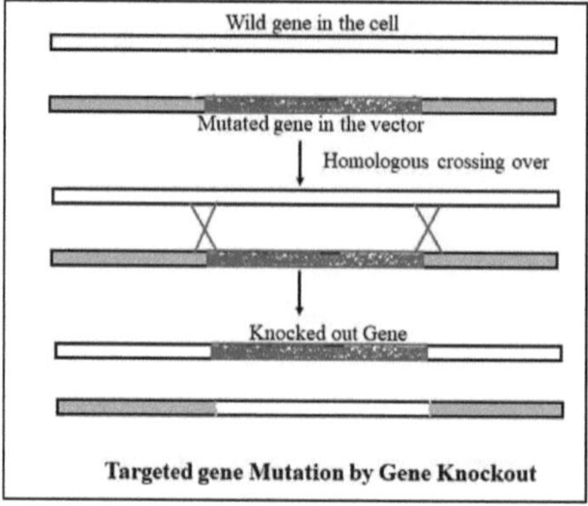

Targeted gene Mutation by Gene Knockout

O knockout de genes é uma técnica em que um gene de tipo selvagem é tornado não funcional através da eliminação de algumas partes de um gene funcional ou da substituição de um gene funcional por um gene mutado. Utilizando esta técnica, é possível mutar um gene desejado. Esta técnica é utilizada para estudar a herança e o papel de um gene específico.

BIBLIOGRAFIA

Strickberger, M. W. (2015). Genetics (3 ed.). Macmillan.

Tamarin, R. H. (2015). Princípios de genética. McGraw-Hill Higher Education, 2001.

Watson, J. D. (2017). Biologia molecular dos genes (7ª ed.). Pearson Education India.

William S. Klug, M. R. (2019). Conceito de genética. Pearson Education India.

Winchester, A. (1983). Human Genetics (4ª ed. (revista)). (T. R. Mertens, Ed.) Charles E. Merrill Publishing International.

yes
I want morebooks!

Buy your books fast and straightforward online - at one of world's fastest growing online book stores! Environmentally sound due to Print-on-Demand technologies.

Buy your books online at
www.morebooks.shop

Compre os seus livros mais rápido e diretamente na internet, em uma das livrarias on-line com o maior crescimento no mundo! Produção que protege o meio ambiente através das tecnologias de impressão sob demanda.

Compre os seus livros on-line em
www.morebooks.shop

Printed by Books on Demand GmbH, Norderstedt / Germany